BEI GRIN MACHT SICH IHR WISSEN BEZAHLT

- Wir veröffentlichen Ihre Hausarbeit, Bachelor- und Masterarbeit

- Ihr eigenes eBook und Buch - weltweit in allen wichtigen Shops

- Verdienen Sie an jedem Verkauf

Jetzt bei www.GRIN.com hochladen und kostenlos publizieren

Matthias Siegert-Strobl

Bewässerungsfeldbau und seine Folgen für Mensch und Natur

GRIN Verlag

Bibliografische Information der Deutschen Nationalbibliothek:

Die Deutsche Bibliothek verzeichnet diese Publikation in der Deutschen National-
bibliografie; detaillierte bibliografische Daten sind im Internet über http://dnb.d-
nb.de/ abrufbar.

Impressum:

Copyright © 2012 GRIN Verlag GmbH
Druck und Bindung: Books on Demand GmbH, Norderstedt Germany
ISBN: 978-3-656-32933-6

Friedrich-Alexander-Universität

Erlangen-Nürnberg

Institut für Geographie

Seminar PG Trockengebiete

WiSe 2011/12

HAUSARBEIT

Bewässerungslandwirtschaft

Verfasser: Matthias Siegert-Strobl

Abgabetermin: 28.02.2012

Inhaltsverzeichnis

II) Einführung in die Thematik

Eine Autofahrt im Sommer von Nürnberg nach Erlangen durch das Knoblauchsland auf der B4. Der Blick aus dem Fenster in den heimischen Garten im Sommer. Ein Urlaub in südeuropäischen Ländern nahe Agrarflächen. Wo lassen sich hier Gemeinsamkeiten feststellen? Diese drei Szenarien haben eine gemeinsame Beobachtung: Bewässerung! Einerseits für ein besseres gedeihen von Agrarprodukten, andererseits für einen schönen grünen Rasen. Aber macht sich der mittelständische Hausbesitzer Gedanken über sein Vorgehen, außer dass er das Ziel verfolgt einen schönen grünen Rasen zu haben um sich von dem vertrockneten braunen Etwas seiner Nachbarn abzuheben? Grundsätzlich ist das auch nicht zwingend notwendig. Andere Dimensionen nimmt das Thema allerdings bei Kreisbewässerungsanlagen mit über 700 Meter Durchmesser an, mit entsprechendem Wasserverbrauch und Auswirkungen auf die Umwelt.

Ziel dieser Arbeit ist es daher die Möglichkeiten von Bewässerung darzustellen, die über den heimischen Rasensprenger hinausgehen, allerdings mit einem kritischen Blick auf die damit verbundenen Auswirkungen auf Natur und Mensch, die wie sich zeigen wird, sehr tiefgreifend sein können.

III)   Bewässerungslandwirtschaft

Im Folgenden wird ein Überblick über den Beginn und die historischen Entwicklungen des Bewässerungsfeldbaus gegeben, die weltweite Verbreitung verdeutlicht, die Bewässerungsvorgänge selbst genauer erklärt und schließlich Probleme und Lösungsansätze dafür aufgezeigt.

1. Anfänge des Bewässerungsfeldbaus

1.1. Definition „Bewässerung"

Bewässerung ist eine anthropogene Methode, die das Ziel hat in Gebieten, in welchen es für die Landwirtschaft zu arid ist, Wasser zu nutzen um somit Felder fruchtbar zu machen und den fehlenden Niederschlag dadurch zu ersetzen. Bewässerung lässt sich somit vom Dry Farming abgrenzen, da hierbei keine künstliche Wasserzufuhr zu den Feldern erfolgt (ENCYCLOPÆDIA BRITANNICA, INC. [15]2007a: 392).

1.2. Geschichte der Bewässerung

Die Bewässerung hat ihren Beginn bereits mehrere tausend Jahre vor Christus kurz nach dem Beginn der Kultivierung von Feldern durch Menschen, als landwirtschaftliche Produktionsflächen in ariden Gebieten oft in der Nähe von Flüssen gebaut wurden. Durch regelmäßige Überschwemmungen wurde der Boden mit Wasser getränkt und mit Nährstoffen durch Flussschlamm angereichert. Ein Paradebeispiel hierfür ist der Nil in Ägypten, welcher durch periodische Regenfälle im Quellgebiet die umliegenden Felder in regelmäßigen Abständen überflutet. Somit sorgt er für eine grüne Ader, die durch die Wüste Sahara verläuft (FUKUDA 1976: 10f).

Schon 6.000 v. Chr. begannen die Menschen künstliche Rinnen und Deiche zu errichten, welche das Flusswasser zu ihren Feldern leiten sollte. Diese Methode ist wohl als erste weit verbreitete anthropogene Maßnahme für die Wasserbeschaffung zur Verwendung in der Landwirtschaft zu sehen (FUKUDA 1976: 11).

Erst 5.000 Jahre später entwickelte sich in Afrika eine Bewässerungsmethode mit dem Namen „Qanat" (auch „Kanat") (ACHTNICH 1980: 102). Hierbei wird ein Tunnel in einen Hang gegraben bis man auf eine wasserführende Schicht stößt. Dabei wird das Wasser in einer Rinne am Boden aufgefangen und durch den leicht abschüssigen Tunnel von selbst hinaustransportiert und in einfachen Kanälen zu den Feldern geleitet. Besonders dabei sind senkrechte Versorgungstunnel, die Arbeitern leichteren Zugang zu weiter im Berg befindlichen Teilen des Tunnelsystems geben soll für den Ausbau oder Wartungsarbeiten. Diese Art der Wasserbeschaffung ist bis heute vor allem an Oasen ohne Flusszugang noch im Einsatz (ACHTNICH 1980: 97f; ENCYCLOPÆDIA BRITANNICA, INC. [15]2007b: 831).

600 v. Chr. erkannte man, dass Nutztiere bei der Beschaffung von Grundwasser eine große Arbeitsersparnis darstellen und somit entwickelten sich eine große Anzahl von Techniken, die es Tieren (meist Rindern und Eseln) ermöglichten Wasser zu fördern. Ein Beispiel hierfür ist der Delu. Dabei ist das Nutztier mit einer Schnur mit einem Wasserbehältnis verbunden, welches von dem Tier aus dem Brunnen herausgezogen wird (ACHTNICH 1980: 230f). Andere Beispiele wären das Persische Rad oder die Kettenpumpe (ACHTNICH 1980: 228f, 232f).

Lange Zeit änderte sich an den eingesetzten Techniken nur wenig bis im 18./19. Jahrhundert die Erfindung der Dampfmaschine die Wasserförderung revolutionierte und viel größere Fördermengen möglich machte. Doch der Einsatz der Dampfmaschinen währte nur kurz, da sie im 20. Jahrhundert durch die Erfindung starker Diesel- und Elektromotoren abgelöst wurden, die einfacher zu bedienen sind und komplett automatisiert Wasser pumpen können. Diese Art der Wasserbereitstellung ist heute wohl eine der verbreitetsten weltweit.

2. Verbreitung von Bewässerungsfeldbau

Weltweit ist ein rasanter Anstieg bewässerter Agrarflächen zu verzeichnen. So wurden im Jahr 2000 ca. 2.788.000 km² Land bewässert (teilweise auch nur periodisch), was die Fläche Argentiniens übertrumpft (SIEBERT S. et al 2006). Nur acht Jahre später stieg die Fläche auf 3.245.566 km² an, was ziemlich genau der Fläche Indiens entspricht. Somit sind 20,6 %, oder 1/5 des weltweiten Ackerlands bewässert (CIA – CENTRAL INTELLIGENCE AGENCY 2011), wofür mehr als 70% des von den Menschen verbrauchten Wassers genutzt wird, was die Dimension noch deutlicher werden lässt (SIEBERT S. et al 2006: 1). Für die Zukunft kann man mit sehr hoher Wahrscheinlichkeit davon ausgehen, dass sich die bewässerten Gebiete noch weiter vergrößern, da aufgrund von Bevölkerungswachstum und Biokraftstoffen eine immer höhere Nachfrage an Agrargütern besteht und somit auch in eigentlich zu trockenen Gegenden Landwirtschaft betrieben wird, was eine Bewässerung der Felder erfordert.

In diesem Oberpunkt werden die Daten aus einer Quelle der Universität Frankfurt am Main von STEFAN SIEBERT et al. (2007) genommen, welche eine sehr genaue Übersicht über die Verteilung und regionale Intensität des Bewässerungsfeldbaus weltweit gibt. Dabei sind sehr starke Unterschiede zwischen den verschiedenen Kontinenten, aber auch interne Disparitäten, zu beobachten. So liegt (Stand 2006) 68% des Bewässerungslandes in Asien, 17% in Amerika, 9% in Europa, 5% in Afrika und nur 1% in Ozeanien (SIEBERT S. et al 2006: 1). Auf die regionalen Unterschiede wird in den folgenden Unterpunkten eingegangen. Die Legende für das Kartenmaterial[1] befindet sich in Abbildung 1.

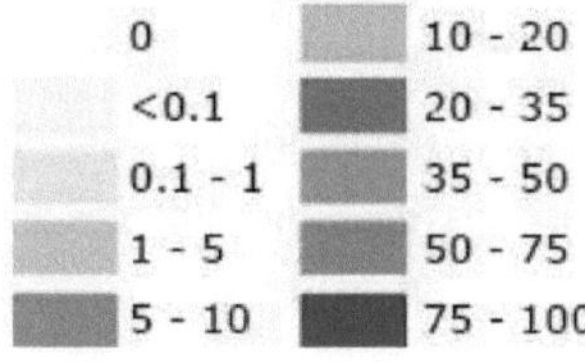

Abbildung 1: Legende

2.1. Europa

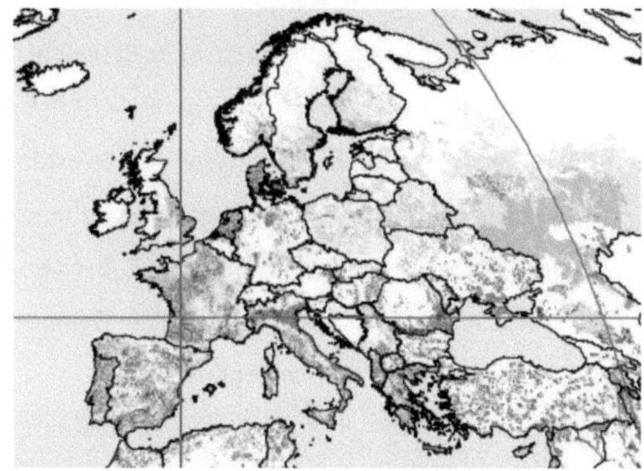

Schwerpunkte des Bewässerungsfeldbaus in Europa lassen sich ganz klar in den südlichen mediterranen Staaten feststellen, die durch das Winterregenklima im Sommer oft nicht ausreichend Wasser für die Landwirtschaft zur Verfügung haben. Auch am Schwarzen Meer sind Intensivbewässerungsgebiete zu erkennen.

Abbildung 2: Bewässerung Europa

2.2. Nordamerika

Bewässerungsfeldbau ist in Nord- und Mittelamerika vor allem in den USA vorzufinden. Dort wird er beinahe überall östlich der Rocky Mountains betrieben mit Konzentrationspunkten am Mississippi und westlich davon im mittleren Westen, aber auch im Central Valley in Kalifornien und in Florida findet man hohe Konzentrationen, was Abbildung Nr. 3 (nächste Seite) zeigt.

---

[1] Alle Abbildungen innerhalb des Punktes 2 sind selbst erstellte Screenshots von folgender Quelle:
SIEBERT S. et al. (2007): The digital global map of irrigation areas: February, 2007.URL:
ftp://ftp.fao.org/agl/aglw/aquastat/GMIAv401hires.pdf (01.12.2011)

In Kanada hingegen findet aufgrund des feuchten und meist zu kalten Klimas kaum Bewässerungsfeldbau statt und die Mittelamerikanischen Staaten befinden teilweise schon im Einflussgebiet der ITC.

Abbildung 3: Bewässerung Nord- & Südamerika

2.3. Südamerika

Aufgrund des überwiegend humiden Klimas in dem vor allem tropisch geprägten Kontinent ist eine künstliche Bewässerung vielerorts nicht notwendig. Besonders deutlich wird dies in Zentralbrasilien. Eine höhere Dichte findet sich dagegen an der Westküste Südamerikas entlang der Anden, da diese Gebiete vergleichsweise regenarm sind und durch das Relief der Anden zum einen Niederschläge von Osten durch die Lee-Lage (orographischer Steigungsregen an der Ostseite) nur sehr gering ausfallen und andererseits Niederschläge von Westen durch den kalten Humboldt Strom schon über dem Meer abregnen. Südlich des 45. Breitengrads ist Landwirtschaft wegen kühler Temperaturen nur noch sehr bedingt möglich.

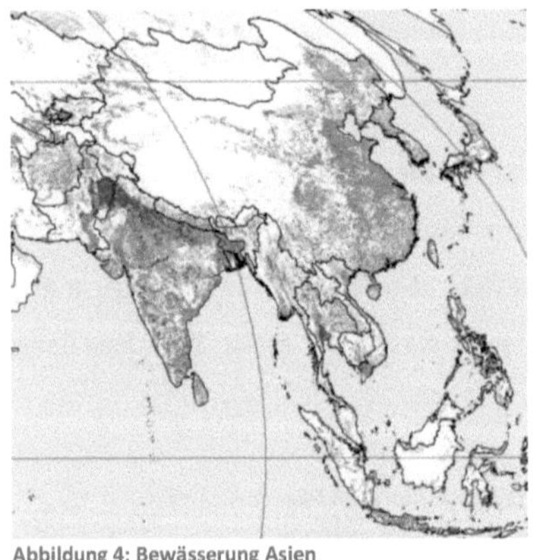

Abbildung 4: Bewässerung Asien

2.4. Asien

Asien ist der Kontinent der wohl größten Bewässerungsfläche, was schon durch die Farbgebung in Abbildung 4 deutlich wird. So liegen die Hauptbewässerungsgebiete vor allem in Pakistan entlang des Stromes Indus, in Indien, Mittel-/ Ostchina und Südasien. Diese Ausbreitung ist aber auch regional sehr unterschiedlich, so ist in weiten Teilen Russlands und Chinas praktisch keine Bewässerung vorzufinden, was oft durch zu große Trockenheit oder Kälte in diesen Gebieten bedingt sein dürfte.

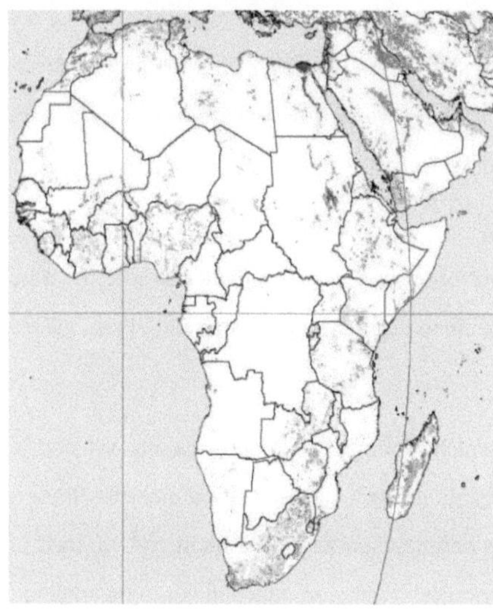
Abbildung 5: Bewässerung Afrika

2.5. Afrika

Eines der wohl bekanntesten Bewässerungsgebiete der Welt liegt in der Sahara. Entlang des Nils zieht sich ein grüner Gürtel nach Norden, der durch Bewässerungsfeldbau bedingt ist. Ansonsten gibt es nur sehr wenige Konzentrationspunkte, da entweder zu wenige Niederschläge fallen (Wendekreiswüste), oder ausreichend Niederschläge in den Tropen vorhanden sind. Ausnahmen bilden Oasen und Gebiete, in welchen fossiles Grundwasser für die Bewässerung hergenommen wird, z.B. in Saudi Arabien für den Weizenanbau.

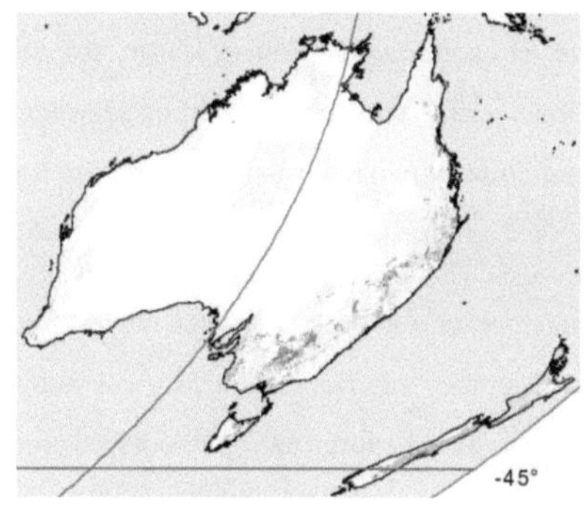

Abbildung 6: Bewässerung Australien / Ozeanien

2.6. Australien / Ozeanien

Im weitgehend trockenen Australien befinden sich kaum Bewässerungsflächen. Einzig an den Süd- / Ostküsten kann man sie vereinzelt antreffen (siehe Abbildung 6) im Gegensatz zum Landesinneren, welches beinahe menschenleer ist. Auch in Neuseeland ist der Bewässerungsfeldbau bis auf eine kleine Region nur sehr wenig verbreitet. Im übrigen Ozeanien ist die Lage schwer einzuschätzen, da die Auflösung der Karte keine genaue Analyse dieser verstreuten Inseln möglich macht.

3. Bewässerung

In diesem Kapitel werden die verschiedenen Möglichkeiten aufgezeigt, wie man wo welche Bewässerungsart einsetzen kann, was dabei jeweils beachtet werden muss und welche die Vor- und Nachteile der verschiedenen Techniken sind. Einen Überblick über die großen Problemfelder, die mit Bewässerungsfeldbau einhergehen, werden hier allerdings nur wenn es sich ergibt behandelt. Dies ist der Fokus des Punkts 4.

3.1. Grundsätzliche Gedanken

Wenn man Bewässerungsfeldbau im großen Stil betreiben will ist es äußerst wichtig, dass man allen Aspekten, die dabei wichtig sind, genaueste Betrachtung schenkt um ein möglichst perfektes und effizientes Ergebnis zu erzielen.

Zu Beginn ist es natürlich wichtig zu wissen, welche Pflanzenart man anbauen will und in welcher Wachstumsphase sie wie viel Wasser benötigt. Anschließend sollte man die Niederschläge der betreffenden Region ermitteln und dabei besonders in Betracht ziehen, dass in ariden Gegenden Niederschläge oft nur sehr periodisch auftreten. Aus den vorangegangenen Fragen lässt sich nun die nächste Fragestellung ableiten: Wie viel Wasser muss zu welchem Zeitpunkt der Pflanze somit noch zugeführt werden.

Nachdem geklärt ist wie viel Wasser benötigt wird ist es nun an der Zeit zu klären, wo das benötigte Wasser herkommt und wie es bereitgestellt wird. Genauso wichtig ist es allerdings auch für die Abführung von überschüssigem Wasser zu sorgen, da dies bei beinahe allen Bewässerungstechniken erforderlich ist.

Bei der Auswahl der einzusetzenden Bewässerungsmethode gibt es auch eine Vielzahl an Einschränkungen. So ist z.B. die Bewässerung von Gemüse, wie Gurken, nicht mit Staubewässerung möglich, da diese dann verfaulen würden. Somit muss man genau evaluieren welche Methode für die eigene Nutzpflanze die wohl effizienteste ist. Auch das Gelände kann ein einschränkender Faktor sein, da bei unebenen oder zu steilen Feldern viele Techniken nicht mehr zum Einsatz kommen können.

Zu guter Letzt ist natürlich der Faktor Geld ein Punkt der von großer Bedeutung ist, da viele Methoden mit einem enormen finanziellen Aufwand für Pumpen und Anlagen verbunden sind. Ein einfacher Landwirt, der hauptsächlich für die Subsistenz wirtschaftet wird das notwendige Kapital kaum aufbringen können um sich eine komplexe Bewässerungsanlage bauen und betreiben zu lassen.

3.2. Herkunft des Bewässerungswassers

Besonders die Frage nach der Herkunft des Bewässerungswassers lässt sich sehr breit beantworten, da es eine Reihe von Möglichkeiten gibt aus welchen Quellen das Wasser beschaffen werden kann:

Der Staat selbst sorgt vor allem in industrialisierten Nationen für eine flächendeckend gute Wasserversorgung, so dass diese, sofern vorhanden, einfach genutzt werden kann, was aber mit einem hohen Betriebskostenaufwand verbunden ist, abhängig von den örtlichen Nutzungsgebühren.

Kostengünstiger ist dagegen die Beschaffung über Oberflächengewässer. Darunter zählen zum Beispiel Flüsse, Seen, Teiche, Quellen oder auch Staudämme, aus welchen man durch Kanäle das Wasser einfach zu den Feldern leiten kann. Allerdings kann man nicht immer davon ausgehen, dass Flüsse genügend Wasser führen. Ein Extrembeispiel dafür sind Wadis, welche, abgesehen von Tagen nach Regenfällen, ausgetrocknet sind, wodurch sie für eine dauerhafte Bewässerung ohne Wasserspeicherung ungeeignet sind (ACHTNICH 1980: 97ff).

Neben Oberflächenwasser kann man ebenso auch Grundwasser nutzen. Dieses lässt sich mit verschiedensten Brunnenarten nutzbar machen. Mit Brunnen ebenfalls nutzbar sind fossile Wasserspeicher in mehreren hundert Metern Tiefe und einem Alter von mehreren 10.000 Jahren (ACHTNICH 1980: 99ff).

Speziellere Methoden sind dagegen Bewässerung mit Abwässern, Brackwasser (also Wasser aus dem Übergang von Flusssystemen ins Meer und niedrigen Salzgehalt), aber auch Salzwasser. Besonders die letzten beiden Typen verstärken das Phänomen der Bodenversalzung durch einen um ein Vielfaches höheren Salzgehalt drastisch (siehe Bodenversalzung -> 4.1) (ACHTNICH 1980: 102f).

3.3. Merkmale verschiedener Bodentypen

Wie bekannt ist, hat jeder Bodentyp ganz unterschiedliche Eigenschaften in vielerlei Hinsicht. Vor allem die Versickerungsrate ist in Zusammenhang mit Bewässerungslandwirtschaft interessant. Diese lässt sich im Grunde genommen an der Korngröße des jeweiligen Gesteins bestimmen. Grundsätzlich weist Sand mit (Mittelwert) 50 mm pro Stunde den höchsten

Wert auf, schluffiger Ton mit 3 mm/h den kleinsten. Die Maximalwerte unterscheiden sich

noch drastischer, bei Sand bis zu 250 mm/h und bei schluffigen Ton 5 mm/h, also nur 1/50

des Wertes des Sandes (siehe Abbildung 7). Die Werte für andere Bodentypen befinden sich

ebenfalls in dieser Abbildung (ACHTNICH 1980 nach ISRAELSEN und HANSEN 1962: 141).

Tab. 66. Versickerungsintensität in Abhängigkeit von der Bodenart (nach ISRAELSEN und HANSEN 1962)

Bodenart	Versickerungsintensität	
	Mittelwert mm/h	Schwankungsbereich mm/h
Sand	50	25 – 250
Sandiger Lehm	25	13 – 75
Lehm	13	8 – 20
Toniger Lehm	8	3 – 15
Schluffiger Ton	3	0,3 – 5
Ton	5	1,3 – 10

Abbildung 7: Versickerungsintensität in Abhängigkeit von der Bodenart

Die Versickerungsrate wird vor allem dann interessant, wenn es um die Bewässerungsme-

thoden geht. Einige verfolgen eine längerfristige Stauung während andere nur den obersten

Horizont befeuchten sollen. Desto höher die Versickerungsintensität ist, desto mehr Wasser

muss bei einer Stauung also bereitgestellt werden.

3.4. Bewässerungsmethoden

Dieser Punkt soll aufzeigen, dass es eine Vielzahl unterschiedlichster Bewässerungsmetho-

den gibt, die jeweils ihre spezifischen Vor- & Nachteile haben. Dabei unterscheiden sie sich

in folgendem wichtigen Ausdrücken: Rieselung vs. Stauung. Diese Unterscheidung ist essen-

tiell für die jeweilige Bewässerungsart. So geht man bei einer Stauung von einer mächtigen

Wasserschicht auf dem Feld aus, was natürlich einen entsprechend höheren Wasserver-

brauch zur Folge hat. Die Rieselung dagegen steht für eine nur sehr dünne, bis keine Stau-

wasserschicht und somit auch einen geringeren Wasserverbrauch. Auch die Stauzeiträume

unterscheiden sich von kurzen Phasen bei der Rieselung bis zu Dauerwasserstau (z.B. im

Nassreisanbau) (ACHTNICH 1980: 322). Im Folgenden wird ein Überblick über die wichtigsten

und verbreitetsten Techniken gegeben.

Eine sehr weit verbreitete Bewässerungsmethode ist der Flächenüberstau. Dabei wird Wasser durch Kanäle zu den Feldern gebracht, die sehr eben sind und einen erhöhten Damm am Rand haben müssen. Durch Schleusen wird das Wasser hineingelassen und darin gestaut. Das Abwasser lässt sich durch Schleusen am anderen Ende des Feldes wieder ablassen. Die gestaute Fläche beträgt dabei zwischen einem und 20 Hektar, je nach Neigung des Feldes (ACHTNICH 1980: 309).

Die Beckenbewässerung verfolgt ein sehr ähnliches Ziel, allerdings ist dabei der Unterschied, dass die Parzellen üblicherweise um ein Vielfaches kleiner sind. Bei dieser Methode ist es außerdem nicht vorgesehen, dass das Wasser wieder abgelassen wird sondern, dass es vollständig versickert, wodurch der Bodentyp eine hohe Versickerungsintensität haben, also grobkörnig sein sollte. Diese Bewässerungsart ist typisch für Oasen und auch hier ist es wichtig, dass die Felder sehr eben sind. Nur Hangneigungen bis <3‰ erzielen einen ausreichend guten Wirkungsgrad (ACHTNICH 1980: 314ff).

Die Blockbewässerung ist eine Kombination aus dem Flächenüberstau und der Beckenbewässerung. So ist das Feld in kleine Parzellen unterteilt, aber es findet ein Wasseraustausch statt und eine Entwässerung ist ebenfalls vorgesehen. Weil die aneinander angrenzenden Blöcke mit Lücken in den Dämmen verbunden sind, strömt das Wasser von den obersten Feldern in die tiefer gelegenen Blöcke und von dort weiter in den Entwässerungskanal. Somit lässt sich bei dieser Methode auch eine Staubewässerung in Gebieten mit leicht abschüssigem Relief realisieren (ACHTNICH 1980: 318ff).

Eine Weiterentwicklung der Blockbewässerung ist die Terrassenbewässerung / Konturbeckenbewässerung, wie man sie aus dem Reisanbau kennt. Dabei werden ganze Hänge terrassiert und mit Dämmen höhenliniengleiche Becken erzeugt. Diese werden mit Wasser befüllt und man sorgt somit, dass das Wasser trotz steilem Relief nicht oder kontrolliert abfließt (ACHTNICH 1980: 321f).

Die Furchenbewässerung hingegen benötigt wieder ein flaches Relief und besteht aus sich abwechselnden Erdwällen und Furchen. Die Furchen werden geflutet und das Wasser zieht in die Erdwälle ein, wodurch die Wurzeln das Wasser aufnehmen können. Besonders problematisch ist bei dieser Technik allerdings die Bodenversalzung, da an der Oberfläche der Wälle sehr viel Wasser verdunstet und die zuvor gelösten Salze zurückbleiben. Die vorhandenen Niederschläge reichen oft nicht aus um das Salz wieder auszuwaschen und der Boden wird unfruchtbar (ACHTNICH 1980: 332ff).

3.4.2.   Technisch Aufwendig

Dass die Unterflurbewässerung um ein Vielfaches technisch aufwendiger ist, als die soeben vorgestellten Techniken ist durch die Tatsache bedingt, dass alle perforierten Leitungen mit Hilfe von maschinellem Einsatz unterirdisch verlegt werden müssen. Vorteile dieser Methode sind zum einen die geringe benötigte Wassermenge, da die Verdunstung minimiert wird. Dies verhindert somit auch Krustenbildung an der Oberfläche des Bodens. Andererseits ist dadurch auch kaum Verlust von Boden durch Kanal- und Dammbauten zu beklagen. Nachteile sind dagegen ein sehr hoher Kostenaufwand und das schwierige RICHTIGE Verlegen der Leitungen, da eine zu große Tiefe bei Flachwurzlern zu einem Absterben der Pflanzen durch Wassermangel führen kann. Wenn Sie allerdings zu hoch liegen, dann können sie beim Pflügen beschädigt werden. Eine weitere Gefahr ist Salz im Bewässerungswasser, welches sich dann in den oberen Horizonten anreichert und eine komplizierte Auswaschung notwendig macht (ACHTNICH 1980: 348).

Auch die Tröpfchenbewässerung arbeitet mit perforierten Leitungen, diese sind allerdings an der Oberfläche verlegt. Hier ist ebenso der Wasserverbrauch sehr gering (vor allem bei Verlegen unter Mulchfolie, welche Verdunstung verhindert), der Oberflächenabfluss geht praktisch gegen null und daher eine für die Umwelt sehr schonende Bewässerungsmethode. Die Zugabe von Düngemitteln ist vergleichsweise einfach und benötigt keinen weiteren Maschineneinsatz, da diese einfach dem Bewässerungswasser beigemischt werden können. Allerdings hat natürlich auch diese Methode Nachteile, die zum einen in der Anschaffung von Filteranlagen und sonstigen Apparaturen liegen, da das Wasser sehr sauber sein muss um ein Verstopfen der Löcher zu verhindern. Außerdem braucht es geschultes Personal um die komplexe Technik zu bedienen. Bei Kulturen mit kleinen Reihenabstand kann die Verlegung der Leitungen sehr aufwendig sein, zumal sie bei vielen Pflanzen nach der Saat und vor Ernte entfernt und wieder neu verlegt werden müssen (ACHTNICH 1980: 355).

Vom Prinzip ist die Beregnung sehr unterschiedlich zu den bisher vorgestellten Verfahren, da das Wasser nicht nur zu den Feldern transportiert wird, sondern der natürliche Regen imitiert wird und ein hohes Maß an technischen Aufwand dafür notwendig ist. Dafür ist natürlich entsprechendes Fachpersonal nötig um solch eine Anlage zu bedienen. Nichts desto

trotz ist sie in den Industrienationen die wohl am weitesten verbreitete Bewässerungsmethode, da sie vor allem als Ergänzung zu den natürlich fallenden Niederschlägen zu sehen ist.
Nachteile hat diese Methode allerdings viele. Die Verdunstung und somit auch der Wasserverbrauch sind durch das feine Versprühen des Wassers enorm, ebenso wie die Anschaf-
fungs- und Betriebskosten der Anlage, da auch hier das Wasser gefiltert werden muss. Ein
Vorteil ist dagegen aber die einfache Entfernung der Bewässerungsanlagen von den Feldern
für die Ernte oder Aussaat. Auch die Zugabe von Düngemitteln ist hier möglich. Außerdem
lässt sich die Anlage komplett automatisieren, was vor allem für große Betriebe sehr interessant ist (ACHTNICH 1980: 365).

4. Probleme & Folgen des Bewässerungsfeldbaus

Unbestritten hat die Bewässerungslandwirtschaft wohl unglaublich viele Vorteile und ermög-
licht es Menschen auch noch in sehr trockenen Gebieten Landwirtschaft zu betreiben und
somit zu überleben. Allerdings ist der Bewässerungsfeldbau ein anthropogener Eingriff in
bestehende Ökosysteme, die bei Überbeanspruchung zerstört werden können. Daher ist es
auch wichtig die entstehenden Probleme genau zu betrachten.

4.1. Bodenversalzung

Die Bodenversalzung ist global gesehen das wohl gravierendste Problem in Zusammenhang
mit Bewässerungsfeldbau. Ursache dafür sind im Bewässerungswasser gelöste Salze, die
nach Verdunsten des Wassers zurückbleiben und sich im Laufe der Zeit immer stärker akku-
mulieren. Auch aufsteigendes Grundwasser enthält Salze und nach dessen Verdunstung
bleiben diese ebenfalls zurück. Der hohe Natriumanteil im Boden zerstört dabei die Bo-
denaggregate wodurch es leicht zu einer Verschlämmung bei viel Niederschlag / Bewässerung oder Verhärtung bei Dürre kommen kann. Somit sind vor allem Böden betroffen, auf
welchen verdunstungsintensive Bewässerungsmethoden eingesetzt werden und sich in hei-
ßen, ariden Gebieten befinden (SCHEFFER, SCHACHTSCHNABEL 2002: 196/ YARON, DANSFORS, VAADIA
1973: 15, 261ff).

Die Folgen reichen von Ertragseinbußen, über Ernteausfälle, bis hin zur absoluten Unfrucht-
barkeit. Daher muss man den Boden bei zu starker Versalzung entweder als landwirtschaftli-

che Nutzfläche aufgeben oder mit Hilfe technischer Maßnahmen wieder aufbereiten. Diese wären zum Beispiel die Ausspülung der Salze mit großen Mengen an Wasser, tiefes Umpflügen, was aber nicht nachhaltig ist, oder der Einsatz von Chemikalien. Bei nur etwas versalzenen Böden kann man auch die Feldfrüchte ändern und Halophyten anpflanzen (ACHTNICH 1980: 215ff).

4.2. Bodenerosion / Desertifikation

Ein fehlerhaftes Vorgehen bei der Bewässerung kann ähnliche Auswirkungen wie ein starker Regenfall haben. Der Boden kann das Bewässerungswasser nicht mehr aufnehmen und verschlammt dadurch. Das überschüssige Wasser, welches an der Oberfläche abfließt, kann dabei den fruchtbaren A-Horizont wegspülen, wodurch die Fruchtbarkeit des Feldes abnimmt. Resultierendes fehlendes Wurzel- und Strauchwerk verhindert daher kein Ausblasen mehr und Winderosion kann, je nach Korngrößen der freiliegenden Horizonte, den Boden wegtransportieren (LUCKE 2012).

4.3. Flusssysteme

Flusssysteme sind meist empfindliche Ökosysteme und Veränderungen haben starke Auswirkungen auf die umgebende Flora und Fauna. Durch eine hohe Wasserentnahme sinkt der Wasserspiegel, wodurch die Schifffahrt für Fischerei und Handel unmöglich werden kann, was die Existenz vieler Menschen zerstört. Eine hohe Wasserentnahme lässt außerdem den Schadstoffgehalt pro Liter für flussabwärts eingeleitete Schadstoffe stark ansteigen, da diese sich nun mit einer geringeren Menge Wasser vermischen. Dazu zählt auch Entwässerungswasser von den Feldern, die mit Düngemitteln oder Schädlingsbekämpfungsmitteln kontaminiert sind. Folglich hat dies auch negative Auswirkungen auf die Anrainer, die ihr Trinkwasser oder ihre Nahrung aus dem Fluss gewinnen.

Eine andere problematische Komponente ist der Dammbau für Bewässerungszwecke (aber natürlich gibt es auch Probleme bei Staudämmen für alle anderen Zwecke). Staudämme fangen bekannter Weise mittransportierte Sedimente ab, die oft in Überschwemmungsgebieten für Fruchtbarkeit sorgen. Auch sinkt der Wasserspiegel flussabwärts in der Zeit der Dammfüllung stark.

Die Auswirkungen auf das Grundwasser können sehr unterschiedlich sein. Einerseits ist ein Ansteigen des Grundwasserspiegels möglich, aber auch dessen Absinken ist ein auftretendes Phänomen.

Durch intensive Bewässerung und der damit verbundenen Versickerung kann der Grundwasserspiegel stark ansteigen und in Zeiten ohne Bewässerung durch Kapillareffekte Wasser an die Oberfläche befördern, wodurch dieses verdunstet und eine verstärkte Versalzung bewirkt wird. Ein anderes Problem ist die Wasserverträglichkeit der Pflanzen, die bei zu hohem Grundwasserstand nicht mehr optimal wachsen (ACHTNICH 1980: 146). Dabei muss beachtet werden, dass dies nicht auf die Bewässerungsfläche beschränkt ist, sondern auch in einiger Entfernung, je nach Relief und Bodenaufbau, Auswirkungen haben kann.

Genau anders herum ist es in den Gebieten, an welchen Wasser durch Brunnen entnommen wird. Dort ist ein sinkender Wasserspiegel zu beobachten. Auswirkungen können absterbende Pflanzen sein, deren Wurzeln das Grundwasser nicht mehr erreichen können, aber auch die Förderung durch den Menschen gestaltet sich immer schwieriger, wodurch immer tiefere Brunnen gegraben oder gebohrt werden müssen. Besonders brisant ist die Lage an Meeresküsten. Das zurückweichende Grundwasser lässt salzhaltiges Meerwasser eindringen, welches sich mit dem Grundwasser vermischt, wie es zum Beispiel in Griechenland zu beobachten ist (HORN 2008). Die Folge ist eine schneller fortschreitende Versalzung des Ackerlands durch Bewässerung mit nun salzhaltigem Grundwasser oder durch die bereits erwähnten Kapillareffekte.

5. Lösungsansätze für die Zukunft

Bei all den in Punkt 4 aufgezeigten Problemen lassen sich Methoden finden, welche die Probleme entweder verkleinern, oder verschwinden lassen.

Eine Ausweitung wassersparender Bewässerungstechniken schont den Wasserspiegel der Flüsse, aber auch des Grundwassers, bei sowohl der Steigung, als auch dem Sinken. Auch die fortschreitende Versalzung würde dadurch stark zurückgehen.

Nicht nur ein Problem von Entwicklungsländern sind marode Versorgungssysteme. Rohre oder Kanäle sind oft stark beschädigt, wodurch riesige Mengen an Wasser ungenutzt versickert. Die Wartung oder Restaurierung dieser Anlagen kann die Wasserentnahme aus Oberflächengewässern und Grundwasser stark verringern. Doch oft zieht es die Politik vor prestigeträchtige Großprojekte umzusetzen als Reparaturen vorzunehmen, wie es in Spanien der Fall ist (HORN 2008).

Bereits unfruchtbare Felder lassen sich nur noch mit hohem finanziellen und technischen Aufwand wieder fruchtbar machen, daher sind primär die soeben aufgezählten Techniken umzusetzen, da sie in der Bilanz wohl umweltschonender und günstiger umzusetzen sind. Ein Anbohren von fossilen Wasserspeichern kann helfen Flusssysteme zu schonen, aber auch hier gilt der Grundsatz: Jeder Liter Wasser, der nicht verbraucht wird, braucht auch nicht bereitgestellt werden. Der Anreiz dafür könnten staatliche Gebühren auf Bewässerungswasser sein, welche die Landwirte zur Sparsamkeit zwingen, sofern dies die jeweiligen politischen Voraussetzungen zulassen.

IV) Zusammenfassung

Diese Arbeit hat gezeigt, dass es neben den für die Menschen äußerst wichtigen Punkten wie eine verbesserte Versorgung mit Lebensmitteln und Schaffung von Arbeitsplätzen im Bereich der Bewässerungstechnologie auch sehr viele negative Einflussfaktoren gibt. Die wohl weltweit gravierendste - Bodenversalzung - vernichtet jährlich riesige Gebiete und entzieht den Menschen dadurch die Lebensgrundlage.

Diese Folgen erfordern ein Umdenken beim Einsatz der „schädlichen" Bewässerungstechniken und man sollte zu einer weiteren Verbreitung von sparsamen Methoden wie der Tröpfchenbewässerung übergehen um weitere dramatische Folgen für Menschen und Natur so gering wie möglich zu halten. Ein Verbot von Bewässerung würde diese Probleme zwar beseitigen allerdings sind die Auswirkungen durch Ernteausfälle wohl um ein vielfaches drastischer und somit kein Lösungsweg der nur im Entferntesten in Frage kommen würde.

Besonders bei grenzüberschreitenden Flüssen ist ein kooperatives Handeln wichtig, da nur so sichergestellt werden kann, dass ein am Flussunterlauf liegendes Land noch auf ausreichend Wasser in ausreichend guter Qualität zugreifen kann. Die Konfliktressource Wasser zeigt im Nahen Osten schon heute, wie wichtig es ist, dass die Staaten untereinander Kooperieren um Konflikten vorzubeugen.

V) Literatur- und Quellenverzeichnis

ACHTNICH W. (1980): Bewässerungslandbau: Agrotechnische Grundlagen der Bewässerungs-wirtschaft, Ulmer, Stuttgart

CIA – CENTRAL INTELLIGENCE AGENCY (2011): The World Factbook. URL: https://www.cia.gov/library/publications/the-world-factbook/geos/xx.html (01.12.2011)

ENCYCLOPÆDIA BRITANNICA, INC. (^{15}2007a): The New Encyclopædia Britannica, Volume 6, Chicago

ENCYCLOPÆDIA BRITANNICA, INC. (^{15}2007b): The New Encyclopædia Britannica, Volume 9, Chicago

FUKUDA H. (1976): Irrigation In The World, University of Tokyo Press, Japan

HORN G. (2008): Leistungskurs Geographie, Herzog-Christian-August-Gymnasium, Sulzbach-Rosenberg

LUCKE B. (2012): Seminar Trockengebiete, Friedrich-Alexander Universität Nürnberg-Erlangen, Wintersemester 2011/2012

SCHEFFER F., SCHACHTSCHNABEL P. (^{15}2002): Lehrbuch der Bodenkunde, Spektrum Akademischer Verlag GmbH, Heidelberg, Berlin

SIEBERT S. et al. (2006): Tropentag 2006: University of Bonn, October 11-13, 2006. URL: http://www.tropentag.de/2006/abstracts/full/211.pdf (30.10.2011)

SIEBERT S. et al. (2007): The digital global map of irrigation areas: February, 2007. URL: ftp://ftp.fao.org/agl/aglw/aquastat/GMIAv401hires.pdf (01.12.2011)

YARON B., DANSFORS E., VAADIA Y. (1973): Arid Zone Irrigation, Springer-Verlag Berlin, Heidelberg / New York